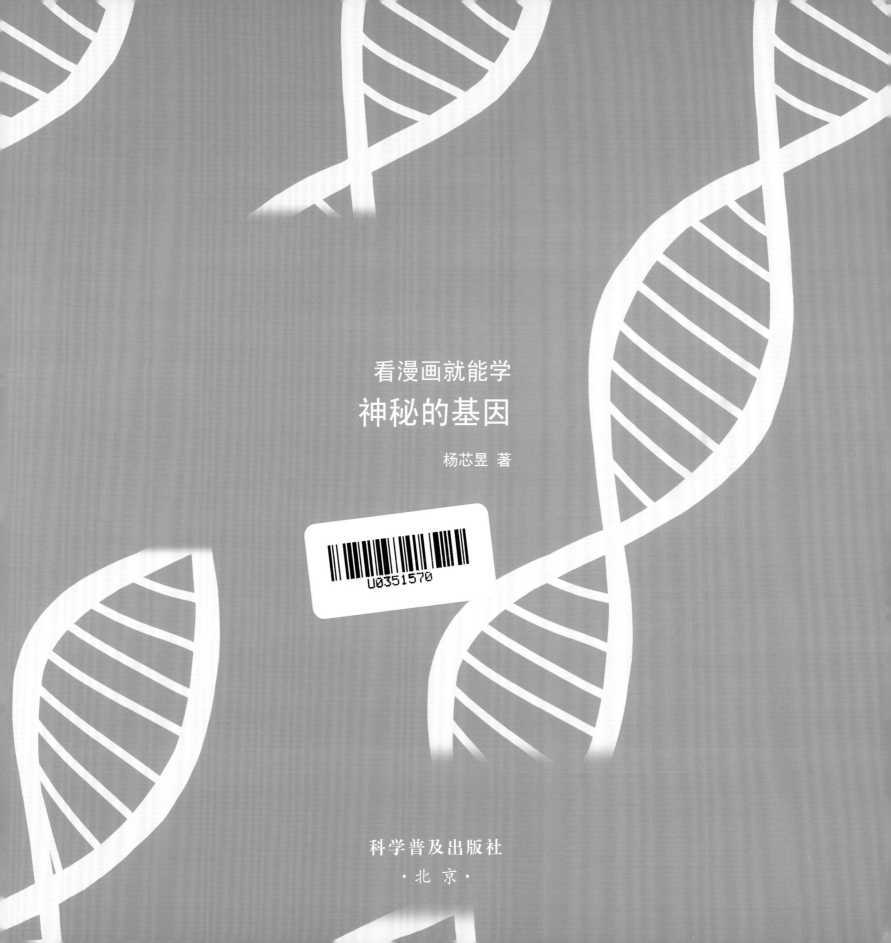

看漫画就能学

神秘的基因

杨芯昱 著

科学普及出版社

·北京·

图书在版编目（CIP）数据

神秘的基因 / 杨芯昱著. 一北京：科学普及出版社，2018.1(2019.3重印)
（看漫画就能学）
ISBN 978-7-110-09676-5

Ⅰ.①神…　Ⅱ.①杨…　Ⅲ.①基因－青少年读物　Ⅳ.①Q343.1-49

中国版本图书馆CIP数据核字(2017)第259938号

策划编辑	王晓义	
责任编辑	张敬一	王晓平
责任校对	杨京华	
责任印制	徐　飞	

出　　版	科学普及出版社
发　　行	中国科学技术出版社发行部
地　　址	北京市海淀区中关村南大街16号
邮　　编	100081
发行电话	010-62173865
传　　真	010-62179148
投稿电话	010-63581202
网　　址	http://www.cspbooks.com.cn

开　　本	787mm×1092mm　1/12
字　　数	86千字
印　　张	5.5
印　　数	3001—6000册
版　　次	2018年1月第1版
印　　次	2019年3月第2次印刷
印　　刷	北京盛通印刷股份有限公司

书　　号	ISBN 978-7-110-09676-5 / Q·228
定　　价	38.00元

序

    亲爱的读者，继《看漫画就能学》系列绘本第一本《分子工厂》之后，作者又撰写了《神秘的基因》一书。希望此书能够为读者打开了解"生命"的一扇小窗口，继续为小读者进行科学启蒙教育。其中，部分内容也适合成年读者阅读。

    我们生活在自然界中，你也许会问，多姿多彩的生命是如何形成的？生物圈与生态环境如何才能得到更好的维护？了解其他生物的习性对我们人类的生存和发展有何意义？通过什么办法才能越来越多地了解奇妙的生命本质？

    生命体始终围绕着形成、成长、成熟、衰老和死亡这一千古不变的定律，循环往复，不断演化。我们了解得越多，就越能与自然界和谐相处。从前些年用以改良动物或粮食作物品质和抗病能力的基因重组技术，到近几年逐步发展和完善起来的、可能用于遗传性疾病治疗的基因编辑技术等——随着这些技术的不断提高，人们的日常需求可以得到更好的满足。虽然通过转基因技术可以生产出更多的粮食，但是新技术的应用一般会存在一定的问题，因此对这一新技术进行有效的掌控是非常必要的。在过去的一些年里，科学家做了很多努力，虽然一些问题已经得到了有效解决，但科学研究水平仍需要进一步提高，只有这样才能更有效地解决或预防现存及未来可能出现的问题。相信更多的小读者长大后会选择投身于相关领域的研究，一定能够做出更大的贡献。

    本书图文并茂，老少咸宜，能够更好地帮助读者打开生命科学之门，也可以为其他读者提供一些生命的基础知识。如能将其理性地用于日常生活，一定大有益处。

北京大学药学院教授

杨振军

2017年8月5日完成于乌兰浩特机场

人物介绍

婷宝，分子小学六年级学生，是个细心、好学的女孩子，喜欢画画、读书。

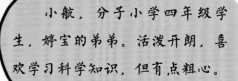

小航，分子小学四年级学生，婷宝的弟弟。活泼开朗，喜欢学习科学知识，但有点粗心。

杨老师，分子小学的一名科学课老师，不仅精通化学，对其他自然科学也很了解。

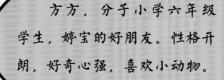

方方，分子小学六年级学生，婷宝的好朋友。性格开朗，好奇心强，喜欢小动物。

刘大伯，在江淮平原种植棉花的老农，热情好客，常给老师和学生讲解农业知识。

目　录

基因漫谈

相信很多小读者都产生过这样的疑问：为什么我会和爸爸或妈妈长得像，但又长得不完全一样？到底是什么决定了一个人的长相？为什么有的人是单眼皮、有的人是双眼皮；有的人是黑头发、有的人是黄头发？DNA、遗传基因都是什么，它们之间又有什么关系？……这些问题，都是"生物遗传学"研究的问题，有些还涉及"化学生物学"的知识。那么"化学生物学" 主要研究什么呢？生物和化学之间又存在着怎样密不可分的关系？

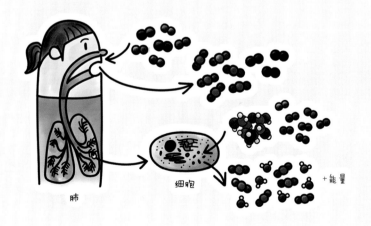

肺　细胞　+能量

"生物学"主要研究宏观生物体的结构、功能、生长和发展的规律。在《看漫画就能学·分子工厂》中介绍过的呼吸作用——储存在细胞中的葡萄糖和吸入的氧气发生反应生成水和二氧化碳并产生能量的过程，就属于化学生物学的研究内容。"化学生物学"以比细胞更小的尺度来研究生命过程中的化学反应。

用化学的方法研究生物，能够让我们对生物体内的结构、功能以及生命过程有一个更加清晰的认识，并且以此为依据，开发新的药物进行疾病的防治等，更加合理地造福人类。本书中，首先介绍了细胞、蛋白质、脱氧核糖核酸（DNA）等基础知识；以此为基础再向读者解释基因控制生物性状（也就是可遗传的生物体形态结构、生理和行为等特征）的基本原理，并列举了转基因和遗传病的例子来辅助大家理解；最后，简单地介绍了目前化学生物学领域中较为前沿的"核酸药物"，解释了它如何帮助人类对抗癌症。

希望小读者通过本书的学习能够对"生命"有一个更深入的了解，同时能够用化学和生物的知识去判别一些新闻和网络传言的真伪，在科学知识的帮助下更加理性地生活。

今年暑假，分子小学组织了一次游学活动，带领大家一起来到位于中国江淮平原的棉花产地，在欣赏南方美景的同时学习农业知识。

婷宝和小航都被分到了由杨老师带队的第4小组。他们即将前往刘大伯家的棉花田参观学习。

刘大伯带着老师和同学们来到了棉花田，并热情地介绍了他种植的棉花。

刘大伯说，他种植的新型棉花是转基因棉花，不用撒农药也不会被虫子咬坏，给他省了好多事儿呢！

"大伯，什么叫'转基因'呀？"一向勤学好问的小航提出了疑问。

“这……”刘大伯也不是很明白，一时语塞。

“我知道！”方方抢着说，“书上说，爸爸妈妈的基因会‘遗传’给我们，所以我们会和爸爸妈妈长得像。”

“可是，这跟棉花又有什么关系呢……”小航还是不明白。

“难道是大伯的棉花变异了，自己就可以产生农药吗？”婷宝猜测着。

婷宝的猜测已经很接近了！只不过，这种"变异"和你们想象的变异可能不太一样，它是受到科学家控制的、定向的"变异"，也就是说，是科学家"刻意为之"，才让棉花可以自己分泌抗虫的物质。

"真的有这么神奇？！""不可能的吧？！""照这么说，我想变成双眼皮、黄头发，也可以通过'转基因'来实现吗？"同学们惊讶极了。

"哈哈哈……孩子们的想象力可真丰富啊！"刘大伯笑了起来。

棉花到底是怎么实现抗虫，以及你们的想法能不能实现，这些都是有科学依据的！接下来，我们一起来学习关于"基因"的知识吧！

身负重任的蛋白质

    提到"蛋白质"，你一定不陌生。吃早饭的时候，妈妈会为你准备牛奶和鸡蛋，告诉你要"补充蛋白质"。那么，蛋白质到底是怎样的一种物质呢？它和生命活动又有着怎样的关系？

    实际上，人体内几乎所有的化学过程都有蛋白质的参与，而基因通过控制蛋白质的合成来控制人体的发色、肤色、身高等各种各样的身体特征。因此，在介绍基因之前，让我们一起来认识一下生命活动的承担者——蛋白质吧！

蛋白质的功能

蛋白质是人体一切细胞、组织的重要组成成分，是生命活动的主要承担者。它具有多种多样的功能。

蛋白质是构成细胞和生物体的重要物质。

作为载体运送各种必需物质。

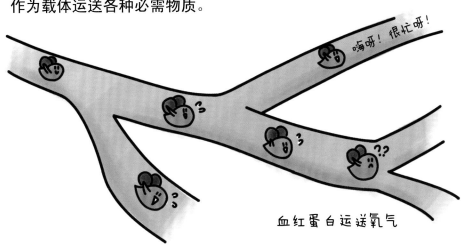

血红蛋白运送氧气

作为抗体（免疫球蛋白）帮助人体对抗外来物质和病原菌。

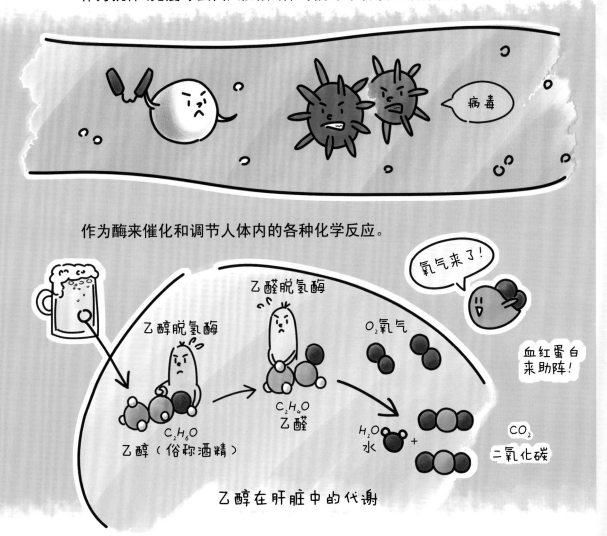

作为酶来催化和调节人体内的各种化学反应。

乙醇在肝脏中的代谢

有些人喝酒容易脸红，是因为体内的乙醛脱氢酶合成不足，导致体内的乙醇转化为乙醛后不能很快被代谢掉而在体内堆积。乙醛会使脸部的毛细血管扩展，从而引起脸红。这种现象只在亚洲种族里常见，而在世界其他种族里却极为稀少。

作为激素调节各种器官的生理活性。

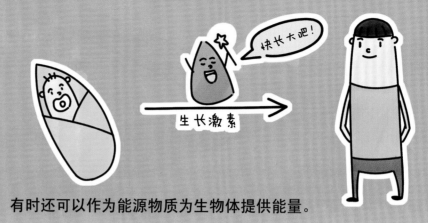

有时还可以作为能源物质为生物体提供能量。

蛋白质的结构

蛋白质是一种高分子化合物。它的最基本组成单位是"氨基酸"。氨基酸的排列顺序，直接决定了蛋白质的结构、性质和功能。为什么这样说呢？

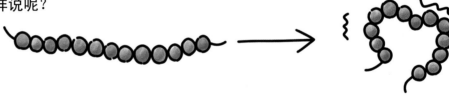

打个比方说吧！在一根绳子上穿一串小铁珠，其中某些小铁珠之间是具有磁性的。在松开手后，整条链子一定会因为有磁性的小铁珠之间的互相吸引而变形。

和小铁珠链围成的形状相同的或是体积较小的积木就可以通过，而体积过大的积木就不能通过。积木就好比是营养物质或废弃物。

高分子化合物是指分子由上百甚至上千个原子组成，体积和质量都远远大于像水、二氧化碳这样的小分子的一类化合物。它们的结构都是有规律可循的，基本上都是由一个特定结构单元不断重复几十甚至几百次而得到的。

对于蛋白质来说，某些特定的氨基酸之间会有"相互作用"，就像有磁性的小铁珠之间的吸引或者排斥一样，使整个氨基酸链发生折叠、螺旋等，而呈现出不同的形态。这种形态叫做蛋白质的"空间结构"。蛋白质空间结构的多样性，决定了蛋白质功能的多样性。

搬氧气
刚刚好

二氧化碳
也可以

果糖就算了吧！！

血红蛋白

蛋白质在高温、强酸强碱、高能射线等作用下会发生"变性"。这时虽然氨基酸链不会断开，但是蛋白质的空间结构会遭到破坏，而丧失功能。用开水把鸡蛋煮熟，就是蛋白质变性的过程。

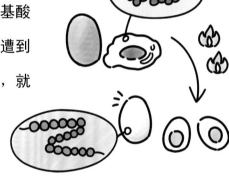

HELP!!

"中毒"大多都是因为人体摄入了毒性的物质后，引起体内各种蛋白质发生了变性，使人体出现各种各样的不良反应。

牛奶、鸡蛋、大豆和瘦肉等食物中含有大量的蛋白质。但是人体不能直接利用这些外来的蛋白质，而是先把它们消化、分解成氨基酸再吸收利用。

在过去，冬天容易发生"煤气中毒"，是因为冬天室内门窗紧闭，氧气不足，煤燃烧不完全产生一氧化碳。而一氧化碳和血红蛋白的结合能力比氧气高200倍到300倍，使血红蛋白都被一氧化碳分子占据而无法运送足够的氧气，造成屋内的人因缺氧而中毒。

重金属主要包括铜(Cu)、铅(Pb)、锌(Zn)、锡(Sn)、镍(Ni)、钴(Co)、锑(Sb)、汞(Hg)、镉(Cd)和铋(Bi)等。它们的密度都在$4.5g/cm^3$以上，如果不慎摄入就会造成蛋白质结构遭到破坏，导致慢性中毒，称为重金属中毒。

成人体中的蛋白质由20种氨基酸构成，其中有8种是人体不能自己合成，或是合成的量远远不及所需的，必须从食物中摄入。我们把这种氨基酸称为"必需氨基酸"。

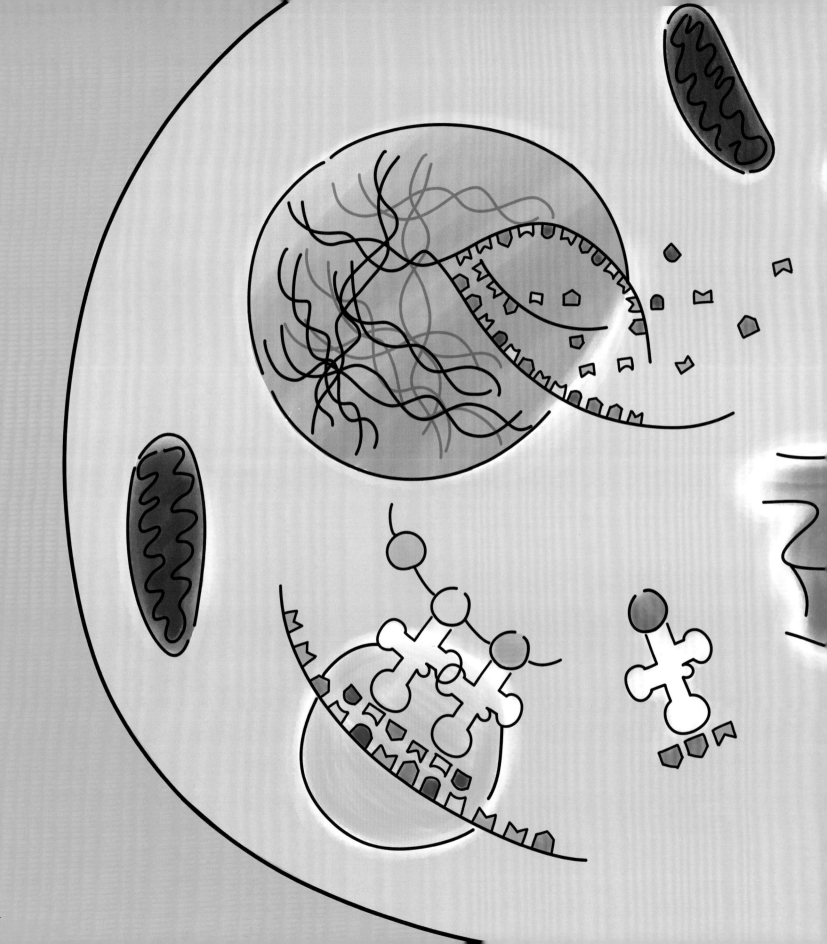

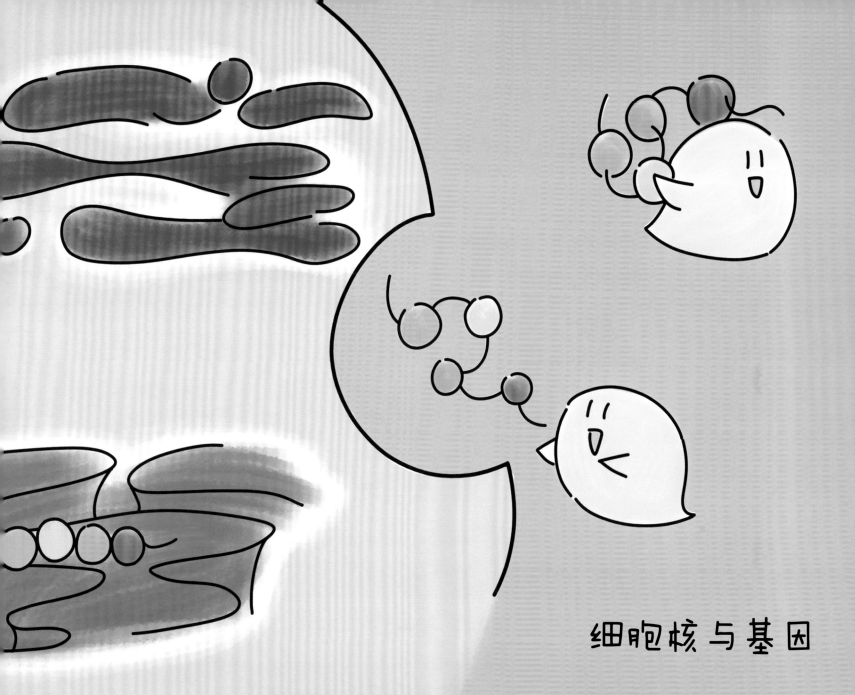

细胞核与基因

  蛋白质是生物体生命活动的承担者，在细胞中合成，并被运送到特定的地方，从而发挥它的生物学功能。细胞是生物体结构的最基本单位，细胞核是细胞的重要组成部分。因为细胞核中的基因能够控制蛋白质的合成，进而影响细胞的遗传与代谢。基因控制蛋白质合成的过程，和工厂里制造产品的过程相似！你想了解是怎样进行的吗？让我们翻开下一页来看一看吧！

动物、植物的细胞结构

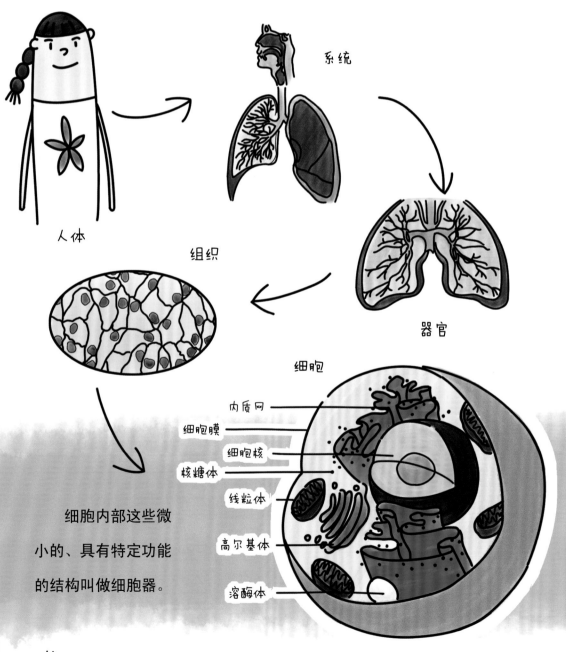

人类（动物）

系统

人体

组织

器官

细胞

内质网

细胞膜

细胞核

核糖体

线粒体

高尔基体

溶酶体

细胞内部这些微小的、具有特定功能的结构叫做细胞器。

细胞与生物体之间的关系是怎样的呢？

答：细胞是生物体的最基本组成单位。

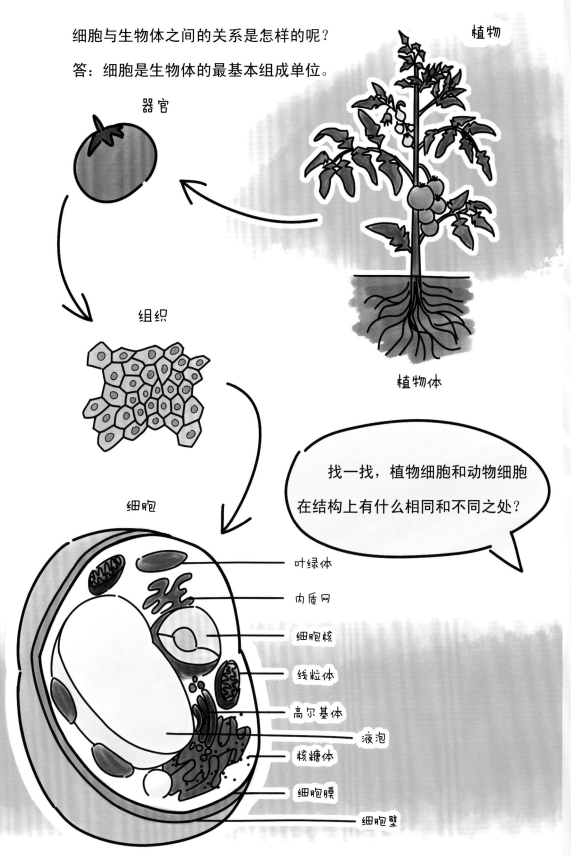

器官

组织

细胞

植物

植物体

找一找，植物细胞和动物细胞在结构上有什么相同和不同之处？

叶绿体

内质网

细胞核

线粒体

高尔基体

液泡

核糖体

细胞膜

细胞壁

植物细胞和动物细胞最大的不同就在于，植物细胞具有细胞壁、液泡和叶绿体这些细胞器，而动物细胞结构中却没有。细胞壁起到了支撑、保护细胞内部结构与功能正常进行的作用；液泡不仅可以帮助维持细胞形状，还可以储存无机盐、糖类、脂类、蛋白质、酶、色素等多种物质；叶绿体是植物进行光合作用的场所，可以利用二氧化碳和水合成氧气和多种营养物质，如淀粉、葡萄糖等。所以，植物可以合成自身生长发育所需的物质，而动物只能从外界获取食物。也就是植物不用"吃饭"也可以生长。

动物和植物的细胞中都有一个叫做"细胞核"的细胞器。它是整个细胞的"指挥中心"，控制着细胞的遗传与代谢。

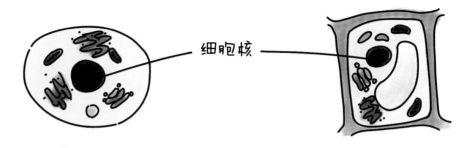

细胞核

在细胞核中，存在着一种叫做"染色质"的物质。染色质由脱氧核糖核酸（DNA）和蛋白质组成。

图中双螺旋形的分子就是DNA，它也是一种高分子化合物。它的基本单位是"脱氧核糖核苷酸"。DNA中一共有4种不同的核苷酸。4种核苷酸的主体结构是相同的，由磷酸、碱基、五碳糖构成，只是因为带有4种不同的碱基（腺嘌呤、鸟嘌呤、胞嘧啶、胸腺嘧啶）才成为了4种不同的核苷酸。

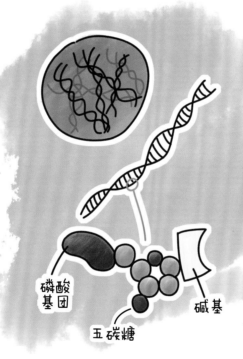

磷酸基团

五碳糖

碱基

为了使核苷酸的结构更加清晰，图中把五碳糖上连接的氢原子都省去了。为了方便记忆，可以分别用大写字母A（腺嘌呤）、G（鸟嘌呤）、C（胞嘧啶）和T（胸腺嘧啶）来表示碱基。它们的配对关系为：A和T配对、C和G配对。这种两两配对的关系称为"碱基互补配对原则"，它有效地保证了遗传信息传递的准确性。

整个DNA分子由两条链平行缠绕组成，每一条链都是由成百上千个核苷酸以一定的顺序连接而成。由于4种不同的碱基两两配对，两条链能够紧密地结合起来、形成双螺旋结构。遗传信息，也就是我们常说的"基因"，就储存在这4种核苷酸的排列顺序当中。

为什么这样说呢？这就要从DNA控制蛋白质合成的过程讲起——

先打个比方吧！如果一个工厂要生产小汽车，那么生产的过程是怎样的呢？

首先，需要一张图纸，上面要画出每个零件的具体细节。

然后，把任务分配给每个车间，让每个车间生产其中的一种零件。

这时候，工厂的总指挥就要把每个零件的图纸分发给相应的车间。

接着，各个车间按照图纸进行生产。

最后，再把所有的零件拼装起来。小汽车完成了！

实际上，细胞核控制蛋白质合成的过程和生产小汽车的过程非常相似。

细胞核

RNA分子的结构单元是"核糖核苷酸"，只含有一条分子链。虽然组成RNA的碱基和DNA的不同，但是它们都遵循碱基互补配对原则，可以一一对应配对。

mRNA的中文名字叫作"信使RNA"，字母"m"代表信息（message）。因此，可以给它起个外号——信息的搬运工。

mRNA

首先，细胞核中DNA的双螺旋被打开，根据碱基互补配对原则合成另一种高分子物质——mRNA。

mRNA就像是零件的图纸一样，它的作用是从DNA上，"抄录"特定的遗传信息，再经tRNA把它运送到指定的地点指导蛋白质的合成。

然后，mRNA来到细胞核外部，在"核糖体"内进行"翻译"，也就是根据mRNA上携带的信息合成氨基酸的过程。

最后，在"内质网""高尔基体"等细胞器的帮助下，氨基酸链形成一定的空间形状，合成蛋白质分子，并被运送到细胞内外。

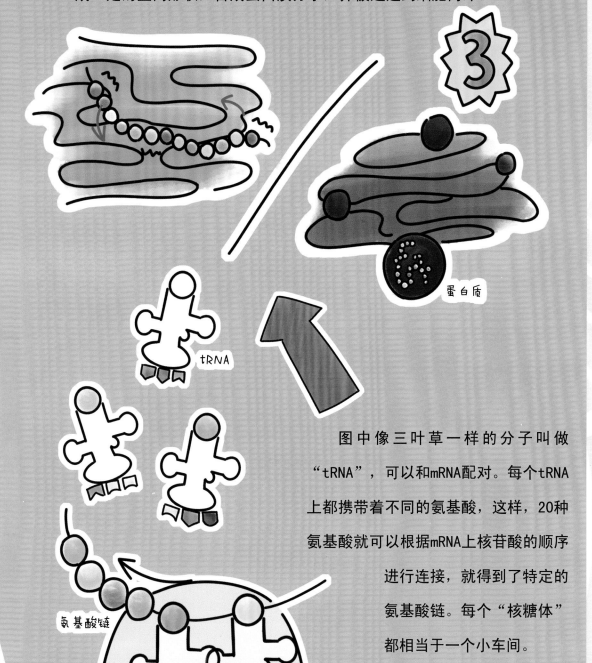

蛋白质

tRNA

氨基酸链

核糖体

mRNA

图中像三叶草一样的分子叫做"tRNA"，可以和mRNA配对。每个tRNA上都携带着不同的氨基酸，这样，20种氨基酸就可以根据mRNA上核苷酸的顺序进行连接，就得到了特定的氨基酸链。每个"核糖体"都相当于一个小车间。

有的蛋白质分子含有不止一条氨基酸链。在这种情况下，多个氨基酸链会同时在不同的核糖体中被合成，最后再拼合到一起。这时就可以把多个氨基酸链看成多个"零件"，把最终的蛋白质分子看成一辆小汽车。

tRNA的中文名称为"转运RNA"，顾名思义，它的作用就是搬运蛋白质的基本单元——氨基酸。

tRNA和氨基酸是怎么对应起来的呢？

从图中可知，每个tRNA上都有3个碱基和mRNA进行配对，这3个碱基的顺序就决定了tRNA上氨基酸的种类。4种碱基总共有64种排列方法，但氨基酸只有20种。因此，同一种氨基酸会有不止一个序列与其对应。

有性生殖与基因的传递

　　知道了基因是如何控制蛋白质合成的，也就解决了基因是如何决定生物性状的问题。但是，基因怎么从父母遗传给我们的呢？为什么我们有的地方长得像爸爸、有的地方又长得像妈妈呢？要解决这个问题，就一起来学习"有性生殖"和"遗传"的相关知识吧！

染色体与细胞分裂

所有的细胞都是通过分裂的方式来增殖的。在细胞分裂的过程中，细胞核先分裂成完全一样的两个核，紧接着余下的部分再均等地分成两部分，最终形成两个和原来的细胞一样的子细胞。

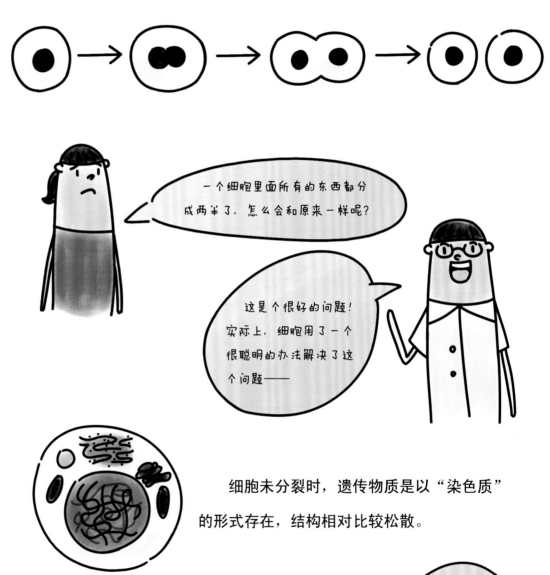

一个细胞里面所有的东西都分成两半了，怎么会和原来一样呢？

这是个很好的问题！实际上，细胞用了一个很聪明的办法解决了这个问题——

细胞未分裂时，遗传物质是以"染色质"的形式存在，结构相对比较松散。

即将分裂时，DNA的螺旋结构会变得更加紧密，形成"染色体"。染色质和染色体是遗传物质的两种不同形态，但从本质上来讲是同一种物质。

细胞核

在分裂前，细胞核先进行染色体复制。这时，原来的染色体和新的染色体还是连接在一起的。

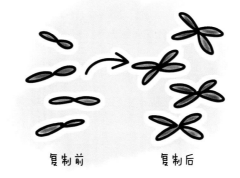

复制前　　　复制后

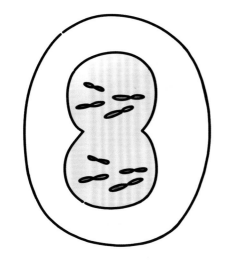

在细胞核分裂时，一模一样的两个染色体从中间连接处分裂，进入到两个子细胞。这样，每个子细胞中的染色体就和分裂前的细胞一模一样了。

性染色体与有性生殖

染色体在细胞核中都是成对出现的。以人类的染色体为例，人体内每个细胞里都有23对染色体，一共46条。在这些染色体当中，有一对形态较为特殊的染色体，能够决定生物体的性别，称为"性染色体"。相对而言，其他的染色体就被称为"常染色体"。那么性染色体究竟是如何决定性别的呢？这就要从有性生殖的过程讲起了。

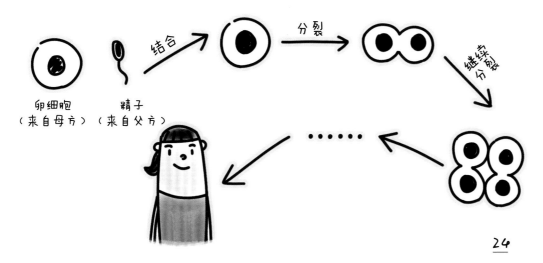

卵细胞　　精子
（来自母方）（来自父方）

结合　　分裂　　继续分裂

······

无性生殖的过程和有性生殖的过程刚好相反，不需要雌雄两种生物体之间的结合，而是由原有的单个生物体直接自我复制得到新个体，比如单细胞生物直接分裂就可以产生子代。常见的通过无性生殖来繁殖的生物有细菌、酵母菌、蕨类等。

有一位叫做摩尔根的科学家曾利用果蝇做实验，揭示了"基因是组成染色体的遗传单位，它能控制遗传性状的发育，也是突变、重组、交换的基本单位"，这一重要的结论。他因此在1933年，获得了诺贝尔生理医学奖。他还发现某些基因位于性染色体上，因此某些性状是与性别相关的。

由亲代生物体（比如我们的父亲和母亲）分别产生生殖细胞，雌雄两性的生殖细胞结合后成为受精卵，再由受精卵发育成子代生物体（我们自身）的过程就叫做"有性生殖"。

产生生殖细胞的过程和普通的细胞分裂有所不同，称之为"减数分裂"。这是因为在分裂之前，染色体只复制一次，但之后要连续分裂两次。

细胞核第一次分裂

细胞核第二次分裂

这样，无论是来自母方还是父方的生殖细胞，其细胞核内的染色体数都只有原来的一半，这就保证了两个生殖细胞结合之后，得到的受精卵中的染色体数仍然和该物种正常细胞中含有的染色体数相同。

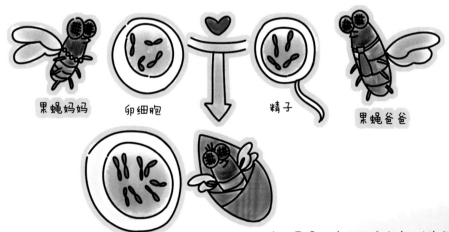

果蝇妈妈　卵细胞　　　　精子　　果蝇爸爸

注：果蝇的体细胞核内有4对染色体

同一个生殖细胞中的染色体都是不成对的，这些染色体就构成了一个"染色体组"（这个概念我们之后还会运用到哦）。

大多数生物的体细胞中都含有两个染色体组，这样的生物体就叫做"二倍体"。

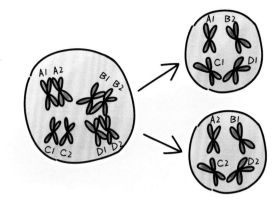

在减数分裂时，性染色体也会被分到两个生殖细胞当中。以哺乳动物为例，雄性哺乳动物的性染色体是XY，而雌性的是XX。因此，在雄性产生精子时，就会有两种不同的精子，它们分别含有X和Y；而雌性产生的卵细胞，则只含有X染色体。两种不同的精子随机和卵细胞结合，就会产生性别不同的后代。

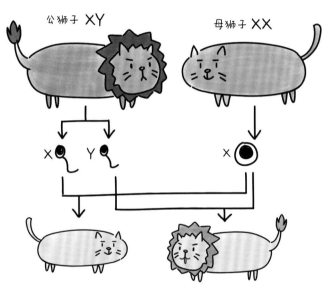

公狮子 XY　　母狮子 XX

对人类来说，女性一般每次只能产生一个卵细胞，而男性每次产生的精子多达上亿个，其中含X和含Y的精子数量是相等的。因此，生男孩和女孩的概率是相等的。

除了XY型性染色体外，有些生物的性别是由ZW染色体决定的。和XY型恰好相反，这种生物雌性个体的细胞内含有的是两个不一样的性染色体Z和W，而雄性个体的细胞内含有相同的两个Z染色体。

不同物种的细胞核中含有的染色体数目是不同的。人的细胞核中含有23对（46条）染色体，鸡的细胞核中含有39对（78条）染色体，玉米的细胞核中含有10对（20条）染色体。

基因与生物性状

奥地利生物学家孟德尔（1822—1884年）首次发现了上一代的性状可以通过有性生殖的方式遗传给下一代。从1854年开始，孟德尔进行了长达12年的植物杂交实验，揭开了"遗传"的神秘面纱。

为什么选择豌豆作为实验材料？

答：豌豆是严格的自花传粉，闭花授粉的作物。也就是说，授粉之后不会被不同种的花粉"污染"；豌豆有很多易观察、区别明显的性状，比如不存在高茎和矮茎之间的"中等高度"，而且这些性状能稳定地遗传给后代；一株豌豆一次能产生非常多的后代，实验者可以收集到大量的数据进行统计分析。

他先用纯种的高茎豌豆和纯种的矮茎豌豆作为亲本（第一代），发现得到的后代全部都是高茎的植株。

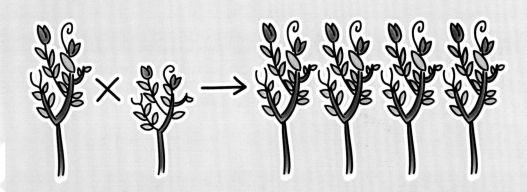

他又让得到的高茎豌豆（第二代）自花授粉（豌豆花上雄蕊产生的花粉授给同一朵花中的雌蕊），发现得到的后代既有高茎植株又有矮茎植株。

接着，他又让第二代的高茎豌豆和纯种的矮茎豌豆杂交，得到的后代中高茎和矮茎植株数量相等。

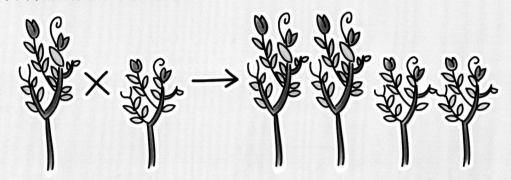

他又用其他相对性状（如花色的红色和白色、豌豆粒的饱满和皱缩等）进行了大量的相似实验，提出了"遗传因子"的假设：生物性状的遗传由遗传因子（后来被称为基因）决定，它们在普通细胞内成对存在（后被证明存在于成对的染色体上）。

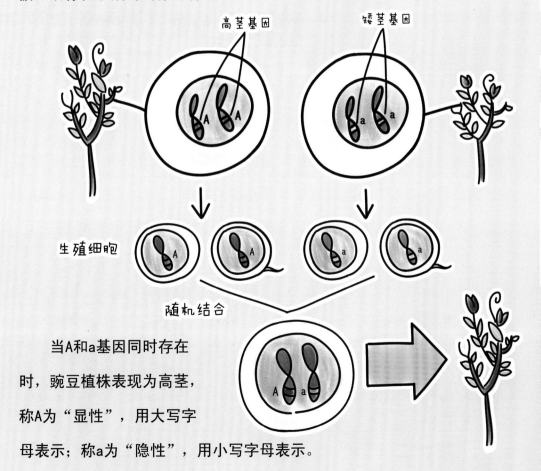

当A和a基因同时存在时，豌豆植株表现为高茎，称A为"显性"，用大写字母表示；称a为"隐性"，用小写字母表示。

并不是所有的性状都是仅由一对基因决定的。生物体的大部分性状都是由多组基因共同决定的，其中的规律就要复杂得多。孟德尔实验都是以仅由一对基因决定的性状为研究对象，很好地解释了最基本的遗传规律，从这些规律出发，就可以推测和理解更复杂的规律。

提出这个假说之后，孟德尔是如何验证它的正确性的呢？事实上，在上一页中提到的用第二代高茎植株和纯种矮茎植株杂交的过程就是一种验证。

这样，第二代豌豆植株会产生A和a两种生殖细胞。在授粉时，两种生殖细胞随机结合，就会产生基因型分别为AA、Aa和aa 3种子代植株，因此，在第三代豌豆植株里既有高茎也有矮茎。

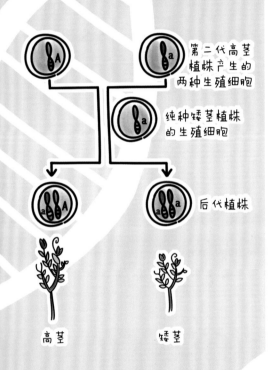

第二代高茎植株产生的两种生殖细胞

纯种矮茎植株的生殖细胞

后代植株

高茎　　矮茎

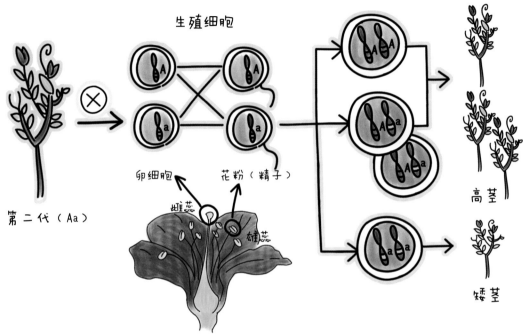

生殖细胞

第二代（Aa）

卵细胞　花粉（精子）

雌蕊　雄蕊

高茎

矮茎

第二代高茎植株和纯种隐性性状的个体杂交，就能看出原来的个体带有什么样的基因，这种方法就被称为"测交"。

这个规律同样适用于其他相对性状（豌豆性状的圆润和皱缩、豌豆颜色的黄和绿、豌豆外皮的白色和灰色、豆荚形状的饱满和不饱满以及花色的红和白等），说明孟德尔的假设是正确的。然而，在孟德尔进行实验的年代，并没有DNA的概念，导致他的论文并没有很快引起轰动。

遗传因子？
……

直到1900年，他的发现才被欧洲3位不同国籍的植物学家在各自的杂交实验中分别予以证实。

随着研究的逐步深入发现，孟德尔得到的实验现象都是可以从分子层面去解释。以豌豆粒的圆润和皱缩来举例——

R和r是控制豌豆粒性状的基因，控制"淀粉分支酶"的合成。R基因能够表达出足够的淀粉支化酶，催化豌豆中的蔗糖转化为淀粉；而r基因表达出的淀粉支化酶却比较少，导致蔗糖在豌豆中堆积，细胞失水而变得皱缩。

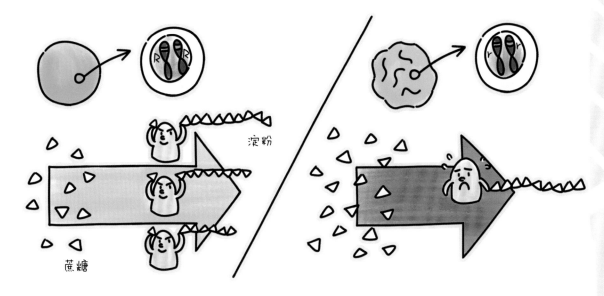

淀粉、纤维素都是以葡萄糖为基本单位的高分子化合物。一个淀粉分子中含有300个至400个葡萄糖单元，它是广泛存在于植物当中的一种储能物质；一个纤维素分子中有300个至15000个葡萄糖单元，它是植物细胞壁的主要成分，能够促进人体的消化作用。

人类的很多常见特征也都与基因有关，比如能否卷舌、单双眼皮、有无耳垂、是否红绿色盲等。

小读者可以通过观察自己某些特征和父母是否相同来判断基因的显隐性，比如父母都是双眼皮而自己却是单眼皮，那么单眼皮相对于双眼皮就是隐性。如果用B和b来表示控制眼皮的基因，那么父母就都应该是Bb，而自己就是bb了。

变异与生物工程

　　生物的性状并不是一成不变的。达尔文的"进化论"表明，生物在地球诞生的几亿年间一直不断地进化，"变异"是进化的源动力。"变异"的本质是什么呢？

　　我们常常听到的"杂交""转基因"都是生物工程的一部分，是人们利用变异对生物进行的一项定向改造。人们怎样才能把生物改造成自己想要的样子呢？这种改造是好事还是坏事呢？谜底将在这一章揭晓！

变异与进化

同一个物种之所以会出现不同性状，是因为有"变异"的存在。"变异"是一个生物体的性状和其父母或是同胞兄弟姐妹之间出现差异的现象。

现代进化理论是根据达尔文进化论发展出来的。该理论认为，进化由突变、选择和隔离这3个基本环节构成。突变是不定向的，是生物进化的"源动力"。突变产生的不同的基因型和性状会受到自然选择的作用。也就是说，不适应环境的类型会逐渐被淘汰掉，而能适应环境的类型会被保留下来，整个种群就会逐渐向能够适应环境的类型演化。

但是，这样还不足以产生新物种。新物种的产生必须要有"地理隔离"。由于某些地理上的障碍（如河流、沙漠、海峡等），处于不同地方的种群之间不能进行交配，基因也就不能相互交流，两个种群的差异会越来越大，最终就会形成两个独立的物种。

对于农作物而言，人们很希望能够通过变异的方式来改良它们的性状，以达到增产、提高营养价值等目的。

人们可以随意地把植物改造成自己喜欢的样子吗？

我要种红色的大白菜！

那我要让圣女果和草莓长在一起！

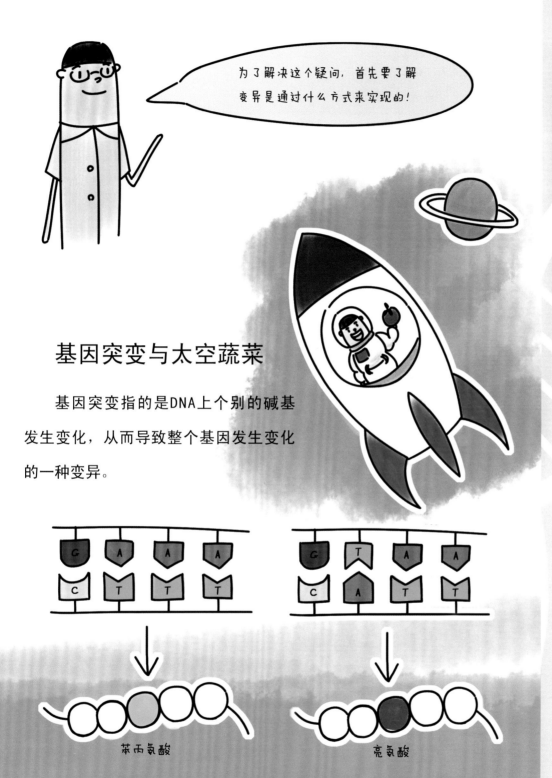

为了解决这个疑问，首先要了解变异是通过什么方式来实现的！

基因突变与太空蔬菜

基因突变指的是DNA上个别的碱基发生变化，从而导致整个基因发生变化的一种变异。

苯丙氨酸

亮氨酸

引起碱基改变的原因可能是细胞在进行分裂时DNA的复制发生错误，也可能是射线、病毒、化学药品等外界因素的诱导作用。

在前面介绍过，在以mRNA为模板合成蛋白质的过程中，是每3个碱基对应一个氨基酸。理论上讲，4种碱基任意重复或调换顺序，应该有64种不同的组合，但是氨基酸却只有20种，这有什么好处呢？原来，这是细胞自己发展出的一种聪明的防错机制——如果一种氨基酸对应多个密码子组合，那么碱基的改变带来氨基酸改变的概率就会大大减小，从而大大降低基因突变对生物性状改变的概率。

突变一般都是不定向的，无法控制的。当然，生物体也有可能会因为突变而出现更优良的性状。

棕色普通麻雀　　白色变种麻雀　　　　普通苹果　　突变巨型苹果
　　　　　　（缺少合成色素的酶）

　　"太空蔬菜"的选育就是以基因突变为基础的。科学家将蔬菜种子搭载于航天卫星，让其在太空失重、缺氧、高能粒子辐射、弱磁场等地球无法实现的特殊条件下发生突变，再带回地球进行选育，从而获得一些地球上无法获得的突变性状，使作物的营养价值大大提升。

　　我国现有的太空蔬菜品种包括太空茄子、太空番茄、太空土豆和太空椒等。相对于普通作物而言，这些作物普遍具有的特点是果实更大、色泽更加鲜艳，维生素含量是普通作物的两倍以上，对人体有益的微量元素含量都升高了；同时抗病性、对环境的适应性和对不良环境的抵抗能力都有所提升。

这种方法效率比较低，因为人们无法控制基因变成自己想要的样子，只能"碰运气"。

染色体变异与多倍体育种

染色体变异是指染色体的数目或者结构发生改变，包括整条染色体的增添或者缺失，或是染色体中的某个片段的缺失、重复、颠倒、位置改变等。

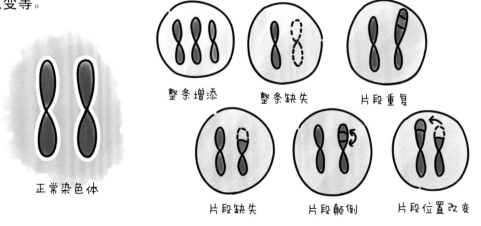

正常染色体　　整条增添　　整条缺失　　片段重复

片段缺失　　片段颠倒　　片段位置改变

大多数的染色体变异对生物体是不利的，比如很多人类的遗传病就是由这种变异引起的；但是这种变异却有可能是有利的。正是利用了染色体变异的原理，科学家发明了"多倍体育种"。

介绍多倍体育种之前，先了解一下什么是"多倍体"。

前面曾经介绍过"染色体组"的概念，在有性生殖的过程中，每个生殖细胞中含有的全部染色体被称为一个染色体组。

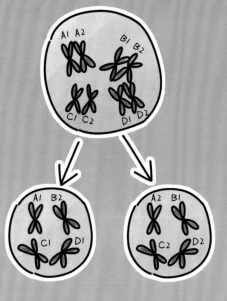

正常生物的体细胞中都含有两个染色体组，这样的生物体就叫做"二倍体"。同样的道理，如果细胞中含有3个染色体组就叫"三倍体"，含有4个染色体组就叫"四倍体"。细胞中含有两个染色体组以上的生物统称为"多倍体"。

单数倍体的特殊之处就在于，在产生生殖细胞的过程中，染色体的配对会发生混乱，导致无法正常产生生殖细胞。对于植物而言，没有生殖细胞就不能产生种子。聪明的科学家利用了这一原理，培育出了无籽西瓜、杨树等。

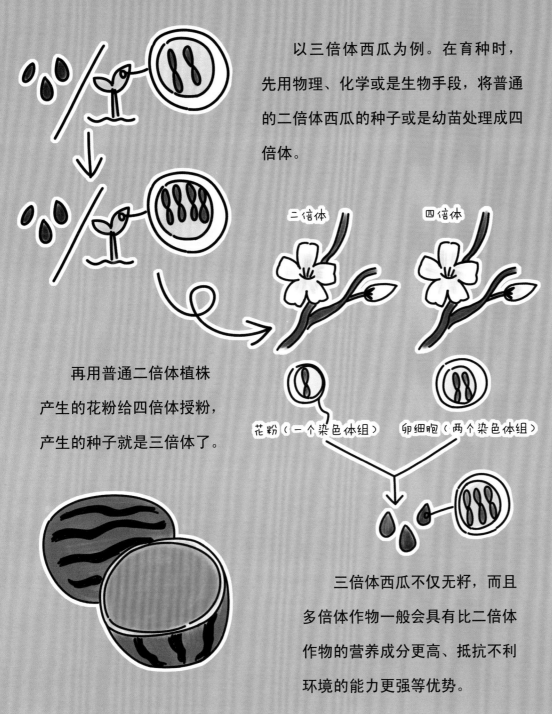

以三倍体西瓜为例。在育种时，先用物理、化学或是生物手段，将普通的二倍体西瓜的种子或是幼苗处理成四倍体。

二倍体　　　四倍体

再用普通二倍体植株产生的花粉给四倍体授粉，产生的种子就是三倍体了。

花粉（一个染色体组）　　卵细胞（两个染色体组）

三倍体西瓜不仅无籽，而且多倍体作物一般会具有比二倍体作物的营养成分更高、抵抗不利环境的能力更强等优势。

细胞融合与克隆技术

植物体细胞融合技术也属于染色体变异的范畴。这种技术就是把两个植物的体细胞融合在一起，再培养成完整的植株。选用的细胞既可以来自同种植物，也可以来自不同种的植物。

科学家根据植物细胞的全能性，开发出了"人工种子"。传统意义上的种子是由植物通过有性繁殖产生的，而人工种子是直接把原来的植物分割出一部分进行离体培养，产生"胚状体"之后再用在含有养分、激素和一些保护物质包裹成类似种子的结构，在合适的条件下就能发芽出苗。人工种子的好处在于，可以把原本植物的优良性状原封不动地保留下来，而且繁殖过程快速高效；对于某些植物来说，还可以避免有性繁殖带来的病毒累积问题。但是，这是一项正在研究中的技术，目前还存在着各种各样的问题。

家庭小实验——种植土豆

用小刀将一个土豆切成大小相近的几块，并且保证每块上面芽眼的数量都差不多。把切好的土豆块埋在花盆里，放在有阳光、通风的地方，定期浇一些水。

大概两周之后，土豆会长出新的芽。再过半年左右，将植株连根拔出，看看根部有什么变化？这说明什么？

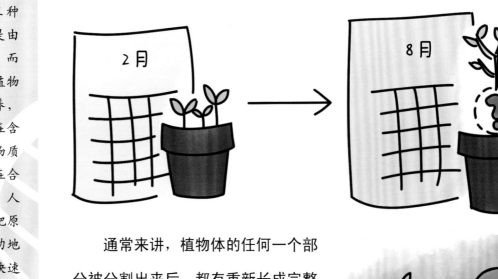

通常来讲，植物体的任何一个部分被分割出来后，都有重新长成完整植株的能力，这是因为每个细胞都含有一个植物体的全部基因。这种现象称为"细胞的全能性"。

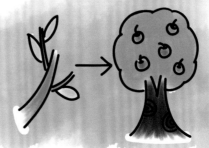

在研究细胞融合的初期，曾有人进行过一种大胆的尝试——将番茄的细胞和土豆的细胞融合在一起再进行培养，期望得到一种能在地上结番茄、地下结土豆的新物种。

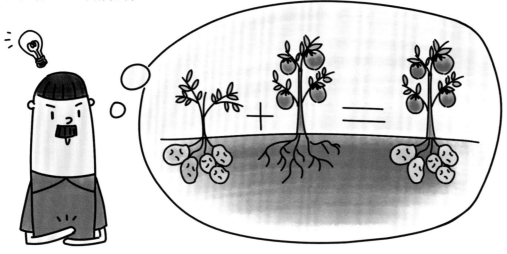

看到这里，小读者可能会产生疑问，既然想要把土豆和番茄结合起来，为什么不直接像水稻一样进行杂交呢？这是因为，土豆和番茄是两个不同的物种，两个不同物种在自然的情况下存在生殖隔离，不能杂交产生后代，即使产生后代也不能繁殖，这种现象称为"远源杂交不亲和"。比如，马和驴交配虽然能生出骡子，骡子却不能再继续繁殖。

但实验的结果却不尽如人意，培育出的植株既不结番茄，也不结土豆。但是这次大胆的尝试却大大促进了细胞融合技术的发展。

不同于植物，大部分动物细胞并不具备发育为一个完整个体的能力，只有受精卵能够做到。但是，动物的大部分体细胞中含有个体的全部基因。举世瞩目的克隆羊实验就是在这个原理的支撑下完成的。

绵羊A（提供体细胞核）

绵羊C（代孕母羊）

绵羊B（提供去核的卵子）

放入绵羊C的子宫内

融合细胞（相当于受精卵）

猜一猜，最后生出来的小羊和A、B、C中的哪一只长得一样？

因为细胞核（大部分基因）是由绵羊A提供，所以出生的克隆羊"多利"和绵羊A长得几乎一模一样。

克隆羊实验有力地证明了克隆实验的可行性，但是随之而来的就是关于生物克隆伦理问题的激烈争论。各国政府纷纷表示，克隆人类是违反伦理道德的，一定要从法律上禁止。尽管如此，克隆技术还是有很多有益的应用，比如，可以克隆濒危动物，维持生态平衡等。

克隆动物的实验获得成功后，人们自然会想到，能不能通过相同的方法实现克隆人呢？人类和动物有本质上的不同，克隆人是违背伦理道德的，因为一旦实现就可能会给社会造成巨大的混乱。虽然克隆完整的人是被禁止的，但医学上正在研究用局部的人体细胞进行组织或器官的克隆，比如，用人的皮肤细胞克隆整块皮肤、用肝脏细胞克隆肝脏组织等。这种技术的好处就在于，只要病人有需要，就可以在一定时间内为他提供所需器官进行移植，而不用苦苦等待捐赠者；同时，由于所用材料是病人自己的细胞，移植之后也不会有排异反应。这项技术在近些年来取得了非常大的突破，给越来越多的病人带来了福音。

试管婴儿

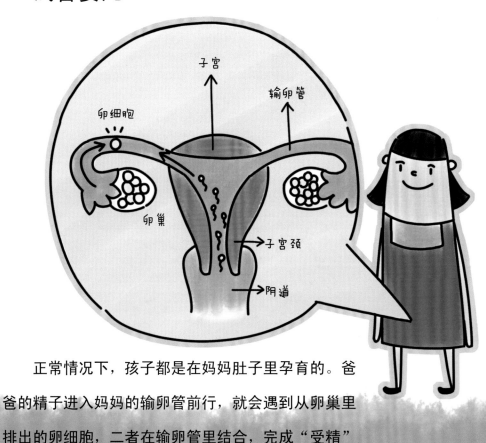

正常情况下，孩子都是在妈妈肚子里孕育的。爸爸的精子进入妈妈的输卵管前行，就会遇到从卵巢里排出的卵细胞，二者在输卵管里结合，完成"受精"

的过程；受精卵再移动到子宫内部"着床"，然后开始分裂、分化，逐渐长成一个小婴儿的样子。

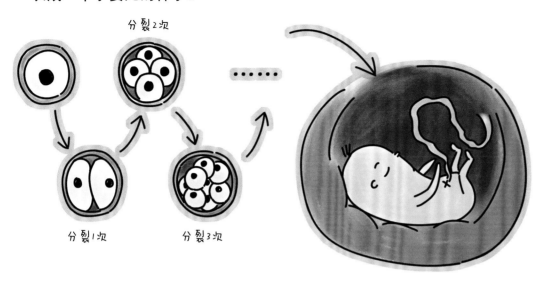

不幸的是，有的夫妻因为自身原因，没有办法正常怀孕生子。这时，就要用到"体外受精与胚胎移植"技术，也就是常说的"试管婴儿"技术了。

医生分别从爸爸和妈妈体内取出精子和卵细胞，在试管里进行"体外受精"；受精卵分裂几次、发育成前期"胚胎"之后，再把它移到妈妈的子宫当中，进行正常的怀孕。因为"试管婴儿"只是在体外完成受精，其他条件与正常受精出生的孩子一样，所以"试管婴儿"和正常受精出生的小孩是完全一样的。

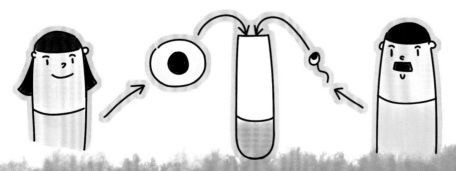

这项技术为不能正常生育的父母带来了福音。

自1978年第一个试管婴儿——英国女孩路易斯·布朗出生以来，全世界已经有超过140万名试管婴儿相继出生。

基因重组与转基因农作物

广义上的基因重组指的是生物体进行有性生殖的过程中，让控制不同性状的基因重新组合。

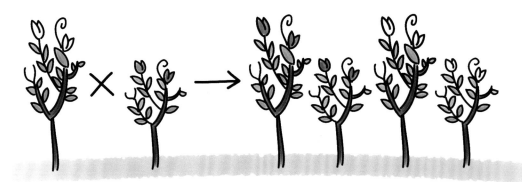

性状不同的两个生物体进行交配、产生后代的过程称为"杂交"。小读者们熟知的"杂交水稻"，就是利用了基因重组的原理。

和纯系水稻相比，杂交水稻的优势主要表现在生长旺盛，根系发达，穗大粒多，对不良环境的抵抗力强等方面。

母本（品种A）

父本（品种B）

子代（杂交水稻）

杂交水稻之父

"杂种优势"的现象在自然界中普遍存在，是指杂合体（由不同性状的父本和母本交配得到的子代）在一种或多种性状上优于两个亲本的现象。我国法律禁止近亲结婚，就是利用远亲杂交优势。近亲之间很可能从共同的祖先获得相同的隐性基因。这样，近亲结婚增加了隐性遗传病的发病概率。例如，达尔文和其表妹结婚，婚后生了10个孩子，都是弱智儿。因此，国家颁布这样的法律是为了保证人口的质量。

从20世纪60年代开始，我国水稻育种专家袁隆平院士从事杂交水稻技术的研究，半个世纪以来为解决我国人民温饱和保障国家粮食安全做出了巨大的贡献，被誉为"杂交水稻之父"。

除了在有性生殖的过程中产生的重组以外，个别基因的缺失、替换和增添也是基因重组的不同形式。

"转基因"技术是以基因重组为基础的一种新技术，它的基本原理是把一些来自特定生物体的优良基因导入到原有的生物体细胞中，使它获得优良性状。

以转基因抗虫棉为例。农作物生长的过程中需要防虫害，传统的喷洒农药的方法不仅会污染土壤和地下水，而且农药还会残留在农作物上，对人体健康造成威胁，这可怎么办呢？

科学家发现，有一种叫做"苏云金芽孢杆菌"的细菌（简称Bt）可以分泌一种"Bt蛋白"。这种蛋白可以破坏棉铃虫（影响棉花生长的主要害虫）的肠道，从而消灭害虫。如果把编码Bt蛋白的基因转移到棉花的染色体上，棉花能自己产生Bt蛋白来抗虫吗？

答案是肯定的。这是因为DNA上的3个碱基与氨基酸的对应关系，对所有物种的细胞都适用。也就是说，只要DNA序列是相同的，那么翻译出来的蛋白质中氨基酸的种类和顺序也是相同的。这就像人类用密文来传送情报一样，只要双方用的是同一套翻译方法，得到的讯息就是一样的。

有了理论基础，接下来就可以给DNA分子"做手术"了！

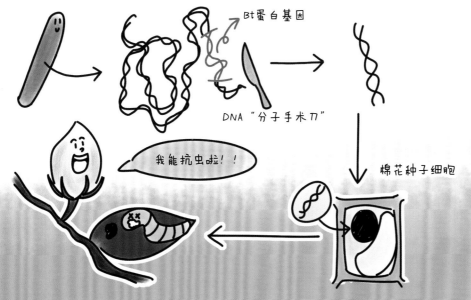

限制性核酸内切酶之所以能够作为基因工程当中的"手术刀"，是因为这一类酶能够识别特定的DNA序列。只要用相应的限制性核酸内切酶进行切割，就可以获得所需的基因片段。

手术中要用到的"手术刀"叫做"限制性核酸内切酶"，它最早是从大肠杆菌细胞内提取出来的，能够选择性地从特定位置切断DNA分子。得到了翻译Bt蛋白的基因之后，再用一定手段把该基因插入到棉花细胞核的DNA当中，就可以翻译出Bt蛋白了。

转基因抗虫棉不仅能节约生产成本，还能减少使用农药带来的污染。

你更赞成谁的观点呢？

受体是指一类具有识别和传输信号的功能蛋白，能够识别环境中的某些微量物质，并且与之结合，从而引发后续的各种生命活动。以上文提到的Bt蛋白为例，昆虫的肠道细胞上存在Bt蛋白的受体，当昆虫把Bt蛋白摄入体内以后，Bt蛋白就会和受体结合，进而被激活，破坏肠道细胞，最终导致肠道穿孔。而人类的肠道细胞没有这样的受体，也就不会有接下来的一系列生理反应。

Bt蛋白是一种高度专一的杀虫蛋白，它只能与棉铃虫等鳞翅目害虫肠道上皮细胞的特异性受体结合，引起肠道穿孔，导致害虫死亡。

但是人类的体内既没有可以激活Bt蛋白的酶，肠道上也没有能和Bt蛋白特异性结合的受体，所以Bt蛋白并不会影响人类的肠道功能。

此外，抗虫转基因作物分泌出来的Bt蛋白非常少，一个正常人吃几十吨甚至上百吨粮食都不会中毒。另一方面，Bt蛋白在人体内消化速度非常快，人体的胃液能够在7分钟内将所有Bt蛋白分解，而且它还含有人体所需的8种必需氨基酸。所以对人类来说，Bt蛋白反而有一定的益处。

为了确保转基因食品的安全性，我国在2001年推出了《农业转基因生物安全管理条例》，对转基因作物的安全检测等作出了一系列的规定。

目前，中国已批准上市的转基因作物有7种。其中，允许种植的2种：棉花、番木瓜；允许进口作为加工原材料的5种：大豆、玉米、油菜、棉花和甜菜；还有2种：水稻、玉米已完成审批，未进入商业化种植，正在实验阶段。

科学家研究转基因技术是为了提高人类的生活质量。然而，任何一种科学技术的发展都需要很长的时间，转基因技术的研究目前也仍有不完善的地方。但是，我们要相信这项技术未来一定会为解决世界的粮食问题做出巨大的贡献。

社会上很多言论都是具有误导性的，比如"吃了转基因的食物会不会把人体的基因也给转了"的说法就是十分荒谬的。正常情况下，基因是细胞中携带的一种大分子物质（DNA）片段，不同生物基因的差异仅在组成这一DNA片段的4种核苷酸排列顺序。所有基因进入人体内都将被分解为通用的4种核苷酸，人体会根据自己的需要合成自己的基因。这和生物体利用外来蛋白质的方式基本一样。基因的转移是需要非常苛刻的条件的，即使在实验室中，想要把外来基因转入原有的细胞中也是一件很困难的事情。几千年的实践表明，没有一例食物中的基因转入到人体内的现象。因此，食用转基因食品不会对人体本身的DNA造成任何影响。

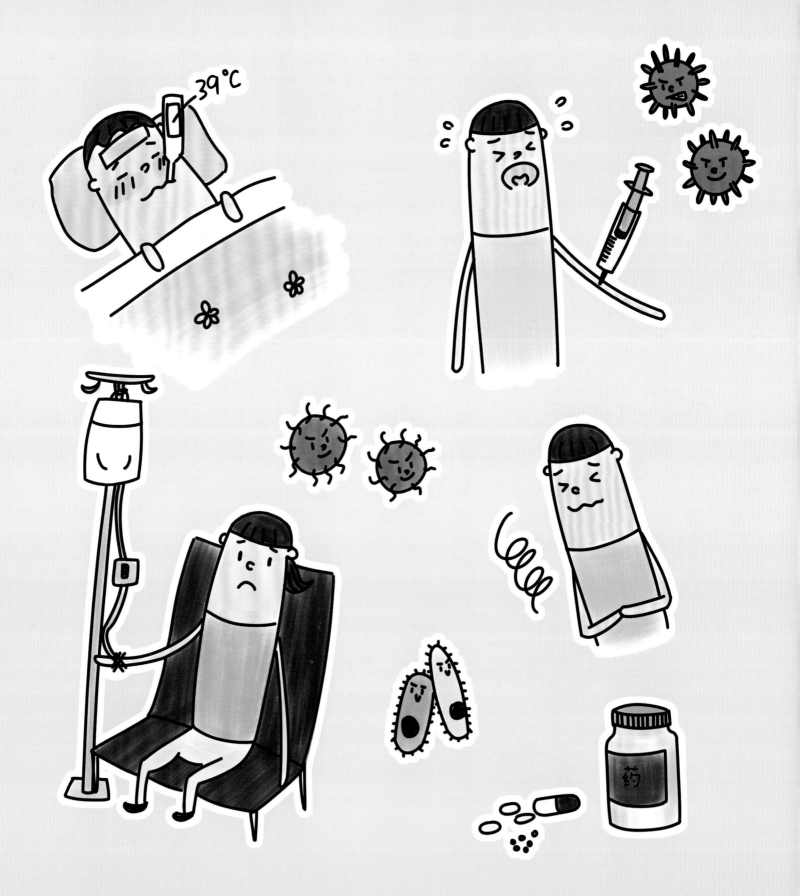

基因与人类疾病

生病是我们最不喜欢的一件事了！感冒会因一直咳嗽、流鼻涕、发烧不能出去玩，得了肠胃病就不能吃冰激凌，有先天性心脏病就不能做剧烈的运动……疾病是由什么引起的？遗传病和普通的疾病有什么区别？为什么要接种疫苗？可怕的癌症究竟能不能治愈？这些问题的答案都可以在后文中找到！看完之后，相信小读者们也会更加深刻地认识"基因"的研究为人类做出了如此大的贡献。

遗传病

遗传病就是由遗传物质（基因）发生改变而引起的，或者由致病基因所控制的疾病。在前文"身负重任的蛋白质"一章中曾经介绍过，生物体内很多蛋白质对生命活动具有调控作用，而蛋白质的合成都是由基因控制的。如果控制相关蛋白合成的基因出现了异常，那么就会导致蛋白质不能正常合成或是合成的量过少，就会引发疾病。

白化病就是由基因变异引起的一种遗传病。该病患者皮肤细胞无法正常地合成黑色素，导致皮肤对阳光敏感，视力很差甚至失明，还会出现其他各种症状，给生活带来很大的不便。

黑色素分布在人体的皮肤、毛发、眼球内，可阻挡强烈的阳光照射，对紫外线起一定的防御作用。酪氨酸酶是合成黑色素的关键酶。正常人体可以合成酪氨酸酶，而白化病患者合成酪氨酸酶的基因出现变异，导致人体不能正常合成酪氨酸酶，因而表现出白头发、白皮肤等系列症状。

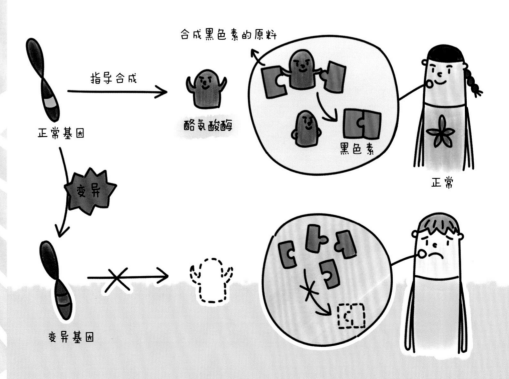

正常基因　指导合成　酪氨酸酶　合成黑色素的原料　黑色素　正常

变异　变异基因

基因会通过有性生殖将这一类疾病遗传给后代。那么应该如何治疗遗传病呢？

一种方法是直接补充体内所缺少的蛋白质或激素。例如，糖尿病是由于自身合成的胰岛素过少，导致体内的糖类、脂肪等物质无法正常分解而引起的疾病，比较严重的情况下就需要直接注射胰岛素进行治疗。

葡萄糖

1921年，加拿大医生班廷和他的助手从狗的器官中提取胰岛素。1922年，使用从牛胰腺中提取出来的胰岛素，对一个患有糖尿病两年的小男孩进行治疗，结果小男孩病情立即好转，并在注射胰岛素治疗下一直活到了77岁高龄。

但是如果从动物胰脏中提取胰岛素，一个病人一年的用量相当于从40头牛的胰脏中提取的胰岛素量，造成胰岛素价格昂贵且供不应求。科学家虽然尝试了化学合成，但成本依旧比较昂贵。

几克胰岛素

除了胰岛素，干扰素也是一种非常常见的基因工程药物，它分为很多种类型，主要用来对抗病毒、寄生虫、细菌、肿瘤等。

运载体也是DNA分子，它的作用就是把目标基因带入细胞中，使目标基因能够在细胞中进行复制、表达，从而生产出我们所需要的物质。病毒是一种常用的运载体，因为病毒本身就是通过把自己的遗传物质转移到宿主细胞进行感染的，所以刚好能够满足科学家对"运载体"的要求。

幸运的是，转基因技术的出现，让短时间内合成大量的胰岛素成为可能，解决了胰岛素供不应求、价格昂贵的问题。

科学家先克隆出控制胰岛素合成的基因，再把它插入到运载体里面，然后把带有胰岛素基因的运载体导入细菌或真菌当中，就能让细菌或真菌产生胰岛素了。

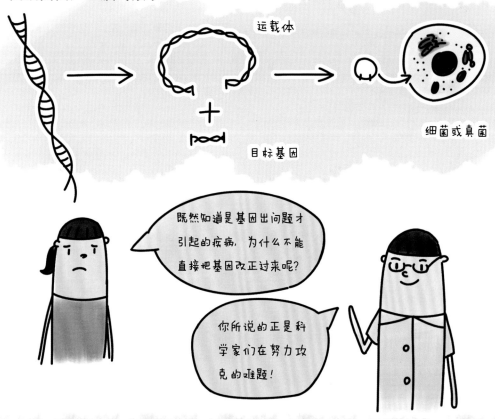

1990年，科学家首次尝试了用基因疗法治疗一名患有腺苷脱氨酶（ADA）缺乏症的孩子。患有这种病的人因为体内缺少ADA，免疫功能有缺陷。如果不进行治疗，就只能生活在无菌的隔离环境里，终生依赖药物维系生命。

入侵人体的病毒和细菌

人体内的白细胞是负责对抗病毒、细菌等从外界入侵的致病体的。科学家从小女孩的体内提取了她自己的白细胞后，用基因疗法对错误的基因进行改造，再把这些白细胞注回她的体内，竟产生了意想不到的疗效……

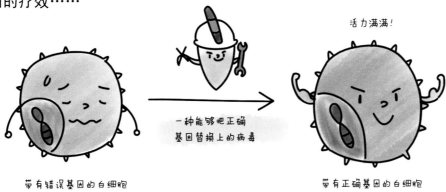

活力满满！

一种能够把正确基因替换上的病毒

带有错误基因的白细胞　　　　　　　　　带有正确基因的白细胞

小女孩又接受了多次这种基因治疗，逐渐地恢复了身体健康。这是人类治疗遗传病的一个重要的里程碑。这也为像艾滋病这种难以根治的疾病的攻克提供了一个思路。目前，科学家正在继续研发这项技术，陆陆续续地把它应用在其他遗传病的治疗当中。

人类基因组计划

不论是生产转基因药物，还是对变异基因进行纠正，都需要先知道正确的基因序列是什么，以及每一段序列所对应的功能。人类染色体中总共有大约30亿个碱基对，约有4万个基因，测出其中每一个基因的序列和功能都是一项非常庞大的工程。

1985年，美国率先提出了"人类基因组计划"。1990年，正式开始实施该计划。这项计划的目的就是要测出人类染色体上所有的基因序列，并确定每一个基因的功能。英国、法国、德国、日本和我国科学家也陆续加入到这项计划中。

　　目前，大部分的基因已经完成测序，科学家们正在确定基因的功能。

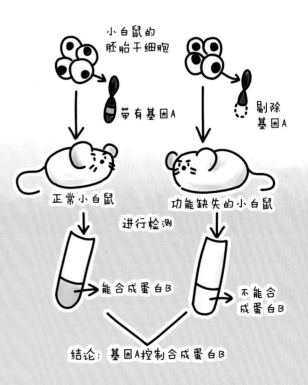

　　"基因敲除"是确定基因功能常用的一种手段。这种方法的原理是把要研究的基因剔除出去，得到功能缺失的生物体（一般用小白鼠进行研究），和正常的生物体进行对比。基因敲除后生物体缺失的功能就是该基因的功能。

病毒性疾病与疫苗

病毒和大部分的细胞生物不同，是一种没有细胞结构的寄生生物。因为病毒无法自己合成自身生存所需的物质，所以必须要把自己的遗传物质插入到宿主细胞的染色体上，利用宿主细胞原料来合成自己所需的物质。

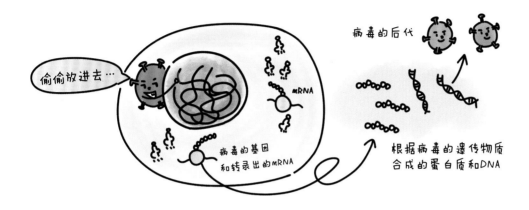

因为病毒会侵占宿主细胞所需的资源，而且还可能产生一些毒素，被寄生的生物体就会产生不良反应。

当生物体被病毒入侵时，会产生"免疫反应"，淋巴细胞识别了病毒之后，就会产生"抗体"来消灭这些病毒。抗体是一种"免疫球蛋白"。

研究发现，能引起生物体免疫反应的并不是整个病毒，而是病毒表面的某些蛋白质。

前面提到用病毒作为载体来修复变异基因，利用的正是病毒"寄生"的生存方式。科学家把病毒改造成既保留了整合基因的能力、又对人体无害的品种，让它们根据人类的意愿，用正确的基因把变异基因或致病基因替换下来，从而治好遗传病。

"HIV"之所以被称为"人类免疫缺陷病毒"，是因为这种病毒专门攻击生物体内的淋巴细胞，使生物体不能正常地对抗有害的外来物质，产生"免疫缺陷"。

感染HIV的患者往往不是死于这种病毒本身，而是人体免疫系统被破坏后，一个小感冒就可能造成死亡。幸运的是，世界各国的科学家都在加紧研制对抗HIV的疫苗，并已初见成效。

这些蛋白就像是病毒的"名片"一样，能够标识病毒的"身份"，让宿主生物能够产生相应的抗体来对抗这种病毒。

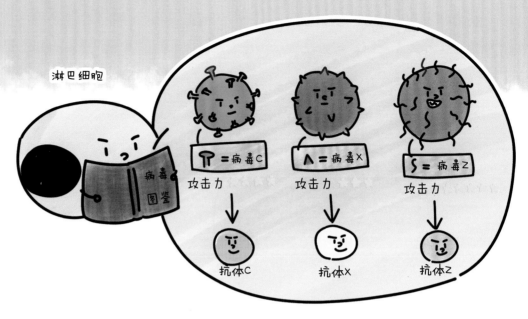

于是，科学家就想到，能不能利用这些蛋白，让生物体在被病毒感染之前先准备好相应的抗体，这样一旦有这种病毒侵入，身体就可以立刻予以反击。这就是我们今天常用的"疫苗"。

有些疫苗是用减毒或灭活的病毒制成的，还有很多是利用了转基因技术，比如我们出生时都要接种的乙肝疫苗。

以前，制造乙肝疫苗必须从感染病毒者的血液中提取原料，成本很高而且供不应求。

传统方法之所以成本较高，一方面是因为从感染者体内抽取血液会对感染者本身的健康造成损害，而且疫苗的品质会受到血液来源、质量等各种因素的影响，没有办法大规模稳定生产；另一方面，是因为从感染者体内直接得到的病毒即使经过灭活，也仍然可能存在一些潜在的致病因子，没有办法保证绝对安全，甚至可能在采集、运输或加工的过程中引发传染病。

如今，有了转基因技术，乙肝疫苗的接种费用大大降低，这也大大促进了我国的乙肝防治工作。据统计，1992年到2009年，我国预防了约9200万人乙肝病毒感染，减少相关病症引起的死亡约430万人。转基因疫苗造福了全人类。

癌症与核酸药物

癌症，又叫"恶性肿瘤"，在所有疾病当中死亡率排名第二，仅次于心脑血管疾病。癌症是怎么来的？为什么癌症这么可怕，以致人人"谈癌色变"？

一般情况下，所有细胞的寿命都是有限的。当一个细胞分裂了一定的次数后，就会启动"自我毁灭程序"，细胞内的某些酶就会把细胞本身破坏掉，这个过程叫做细胞凋亡，也可以称为细胞的"程序性死亡"。

原癌基因是与细胞增殖相关的基因，而抑癌基因的作用和原癌基因刚好相反，它会抑制细胞分裂，促进细胞凋亡。因此，如果其中任何一个基因发生突变，就会使细胞过度增殖、形成肿瘤。

但是，当细胞内的"原癌基因"或是"抑癌基因"发生突变时，细胞就会过度增殖，形成肿瘤，并且还会转移到全身各处。

癌细胞的增殖会消耗人体内大量的营养物质，使人体免疫力下降；同时，它还会破坏周围器官的功能，导致器官衰竭、坏死等，甚至患者死亡。

癌细胞与正常细胞不同，有无限增殖、可转化和易转移三大特点。癌细胞是很难完全清除的，尤其是当它转移到别的部位以后，只要有残留的癌细胞，它就可以继续增殖、形成新的肿瘤。因此，癌症很难根治。

传统的化学治疗方法虽然能起到一定的效果，但它都有一个很大的缺点——会把正常细胞和癌细胞一起杀死。

于是，科学家们就设想，能不能发明一种新的药物，让它能够识别癌细胞，"定点"消灭它们，而不是"不分敌我"造成大面积破坏？在这种设想的指导下，各种各样的"靶向药物"诞生了。

"核酸药物"是众多靶向药物中的一种。

和正常细胞一样，癌细胞的各种生命活动也是通过基因来调控的。癌细胞是由正常细胞发生基因突变后产生的，所以这个突变基因就是癌细胞的"名片"。

药物分子本身也是核酸，会按照碱基互补配对原则和癌细胞的DNA或mRNA结合。

结合之后，这些遗传物质就会被癌细胞内的"核酶"识别。"核酶"是一种存在于所有细胞内的酶，在正常情况下它们的任务是分解不需要的基因或表达过量的基因。

核酶识别药物分子所结合的遗传物质后，就会把它视为不需要的基因，然后把它分解掉。简单来说，核酸药物的作用原理就是让癌细胞自带的酶去分解癌细胞自己的遗传物质，从而把整个癌细胞杀死。

相信在不远的未来，靶向药物会迅速发展、成熟，成为治疗癌症的一种有效手段。

致 谢

《看漫画就能学》系列绘本的第二本绘本《神秘的基因》终于问世了！这其中少不了多位师友、同窗的帮助和支持。首先，特别感谢和我共同开创《看漫画就能学》系列绘本的师劢航同学，感谢他在本书的设计、排版等方面给予我的无私帮助。

此外，非常感谢北京大学药学院天然药物及仿生药物国家重点实验室的博士生导师杨振军教授的高度认可与襄助。在本书付梓之前，很多我们的同学、大学老师给我们提了诸多宝贵的建议，使这本科普绘本更加严谨、完善，这也督促了我们在今后《看漫画就能学》系列绘本的出品过程中，要以更高的标准来创作——"做生动有趣的绘本，做高质量的科普教育"，要用最直观易读的方式讲述最专业的知识。

另外，还要感谢科学普及出版社的编辑们，在书籍的修订与出版等多个重要阶段为我们提供的指导与帮助。

最后，特别感谢我的父母这二十多年来对我的养育。没有你们，就没有今天的我。